上海市工程建设规范

外墙保温一体化系统应用技术标准
（现浇混凝土保温外墙）

Technical standard for external wall insulation integrated system

（cast in place concrete insulation external wall）

DG/TJ 08—2433B—2023

J 17041—2023

主编单位：上海市建筑科学研究院有限公司
　　　　　同济大学
批准部门：上海市住房和城乡建设管理委员会
施行日期：2023 年 10 月 1 日

U0274336

同济大学出版社

2023　上海

图书在版编目（CIP）数据

外墙保温一体化系统应用技术标准. 现浇混凝土保温
外墙 / 上海市建筑科学研究院有限公司，同济大学主编
—上海：同济大学出版社，2023.9
ISBN 978-7-5765-0733-1

Ⅰ. ①外… Ⅱ. ①上…②同… Ⅲ. ①建筑物-外墙
-保温-技术标准-上海 Ⅳ. ①TU55-65

中国国家版本馆 CIP 数据核字（2023）第 152649 号

外墙保温一体化系统应用技术标准
（现浇混凝土保温外墙）

上海市建筑科学研究院有限公司
同济大学 主编

责任编辑　朱　勇
责任校对　徐春莲
封面设计　陈益平

出版发行　同济大学出版社　www.tongjipress.com.cn
　　　　　（地址：上海市四平路 1239 号　邮编：200092　电话：021-65985622）
经　　销　全国各地新华书店
印　　刷　浦江求真印务有限公司
开　　本　889mm×1194mm　1/32
印　　张　2.5
字　　数　67 000
版　　次　2023 年 9 月第 1 版
印　　次　2023 年 9 月第 1 次印刷
书　　号　ISBN 978-7-5765-0733-1
定　　价　30.00 元

上海市住房和城乡建设管理委员会文件

沪建标定〔2023〕345 号

上海市住房和城乡建设管理委员会关于批准
《外墙保温一体化系统应用技术标准(现浇混凝土
保温外墙)》为上海市工程建设规范的通知

各有关单位:

由上海市建筑科学研究院有限公司和同济大学主编的《外墙保温一体化系统应用技术标准(现浇混凝土保温外墙)》经我委审核,现批准为上海市工程建设规范,统一编号为 DG/TJ 08—2433B—2023,自 2023 年 10 月 1 日起实施。

本标准由上海市住房和城乡建设管理委员会负责管理,上海市建筑科学研究院有限公司负责解释。

上海市住房和城乡建设管理委员会
2023 年 7 月 11 日

前　言

根据上海市住房和城乡建设管理委员会《关于印发〈2022年上海市工程建设规范、建筑标准设计编制计划〉的通知》(沪建标定〔2021〕829号)的要求,上海市建筑科学研究院有限公司、同济大学会同有关单位编制了本标准。

本标准的主要内容有:总则;术语和符号;基本规定;系统和组成材料;设计;施工;质量验收。

各单位及相关人员在执行本标准过程中,请注意总结经验和积累资料,并将有关意见和建议反馈至上海市住房和城乡建设管理委员会(地址:上海市大沽路100号;邮编:200003;E-mail:shjsbzgl@163.com),《外墙保温一体化系统应用技术标准(现浇混凝土保温外墙)》编制组(地址:上海市申富路568号2号楼201室;邮编:201100;E-mail:chenning@sribs.com.cn),上海市建筑建材业市场管理总站(地址:上海市小木桥路683号;邮编:200032;E-mail:shgcbz@163.com),以供今后修订时参考。

主　编　单　位:上海市建筑科学研究院有限公司
　　　　　　　　同济大学
参　编　单　位:上海天华建筑设计有限公司
　　　　　　　　上海建工一建集团有限公司
　　　　　　　　上海中森建筑与工程设计顾问有限公司
　　　　　　　　上海兴邦建筑技术有限公司
　　　　　　　　上海建科检验有限公司
　　　　　　　　国检测试控股集团上海有限公司
　　　　　　　　上海圣奎塑业有限公司
　　　　　　　　珠海华发实业股份有限公司

上海家树建设集团有限公司

上海城建物资有限公司

参 加 单 位：沪誉建筑科技（上海）有限公司

享城科建（北京）科技发展有限公司

宁波卫山多宝建材有限公司

主要起草人：陈　宁　苏宇峰　赵立群　程才渊　丁　纯

李新华　王　俊　朱　刚　宋　刚　董庆广

岳　鹏　曹毅然　刘甲龙　卫智勇　林虹柏

徐　颖　刘丙强　王　娟　许奎山　章国森

吴姝娴　丁安磊　成海荣　赵　辉　朱永明

梅文琦　王亚军　季　良　陈发青　吴　琼

林波挺

主要审查人：王宝海　徐　强　车学娅　周海波　沈孝庭

钟伟荣　赵海燕　黄佳俊　周依杰

上海市建筑建材业市场管理总站

目　次

Contents

1 总　则

1.0.1 为规范外墙保温一体化系统(现浇混凝土保温外墙)的设计、施工与质量验收,做到安全适用、技术先进、确保质量、保护环境,制定本标准。

1.0.2 本标准适用于房屋建筑采用外墙保温一体化系统(现浇混凝土保温外墙)的设计、施工与质量验收。

1.0.3 外墙保温一体化系统(现浇混凝土保温外墙)在建筑工程中的应用,除应执行本标准外,尚应符合国家、行业和本市现行有关标准的规定。

2 术语和符号

2.1 术 语

2.1.1 外墙保温一体化系统（现浇混凝土保温外墙） external wall insulation integrated system（cast in place concrete insulation external wall）

由现浇混凝土保温墙体和防护层组成的外墙保温一体化系统。简称现浇保温外墙系统。

2.1.2 现浇混凝土保温外墙 cast in place concrete insulation external wall

施工现场以保温模板为外侧模板，并通过锚固件与现浇混凝土外墙形成的保温与结构一体化外墙。简称现浇保温墙体。

2.1.3 保温模板 insulation formwork

具有增强构造的单一材质的保温材料，是现浇保温墙体的组成部分并兼具现浇混凝土墙体模板作用，在现浇保温外墙系统中起到保温隔热作用。

2.1.4 锚固件 anchor

现浇混凝土保温外墙中连接保温模板和现浇混凝土墙体的、主要由圆盘与杆身构成的不锈钢固定件。

2.1.5 防护层 rendering system

抹面层和饰面层的总称。

2.1.6 抹面层 rendering

抹面胶浆抹在保温模板上，中间夹有玻璃纤维网布，保护保温模板并起防裂、防水、抗冲击等作用的构造层。

2.1.7 抹面胶浆 rendering coat mortar

由水泥基胶凝材料、高分子聚合物材料以及填料和添加剂等组成,具有一定变形能力和良好粘结性能,与玻璃纤维网布共同组成抹面层的聚合物水泥砂浆。

2.1.8 玻璃纤维网布 glassfiber mesh

表面经高分子材料涂覆处理的、具有耐碱性能的网格状玻璃纤维织物,作为增强材料内置于抹面胶浆中,用以提高抹面层的抗裂性和抗冲击性,简称玻纤网。

2.1.9 饰面层 finish coat

现浇保温外墙系统的涂料装饰层。

2.2 符 号

2.2.1 热工设计

λ——保温模板导热系数;

α——保温模板热工计算时的修正系数;

S——保温模板蓄热系数。

2.2.2 结构设计

γ_0——结构重要性系数;

γ_{RE}——连接节点承载力抗震调整系数;

R_t——锚固件与保温模板反向拉拔承载力设计值;

R_c——锚固件与保温模板局部承压承载力设计值;

R_d——锚固件与混凝土抗拔承载力设计值;

R_p——锚固件尾盘抗拉承载力设计值;

γ_t——锚固件与保温模板反向拉拔承载力分项系数;

γ_c——锚固件与保温模板局部承压承载力分项系数;

γ_d——锚固件与混凝土抗拔承载力分项系数;

γ_p——锚固件尾盘抗拉承载力分项系数;

R_{tm}——锚固件与保温模板反向拉拔承载力检验值;

R_{cm}——锚固件与保温模板局部承压承载力检验值；

R_{dm}——锚固件与混凝土抗拔承载力检验值；

R_{pm}——锚固件尾盘抗拉承载力检验值；

S——基本组合的效应设计值；

γ_G——永久荷载分项系数；

γ_w——风荷载分项系数；

γ_{Eh}——水平地震作用分项系数；

γ_{Ev}——竖向地震作用分项系数；

ψ_w——风荷载组合系数；

β_E——动力放大系数；

α_{max}——水平地震影响系数最大值。

3 基本规定

3.0.1 现浇保温外墙系统的设计工作年限应与主体结构相协调。锚固件的耐久性应满足设计工作年限的要求。接缝密封材料应在工作年限内定期检查、维护或更新,维护或更新周期应与其使用寿命相匹配。

3.0.2 保温模板及模板支设应符合现行国家标准《混凝土结构工程施工规范》GB 50666 和现行行业标准《建筑施工模板安全技术规范》JGJ 162 的有关规定,并应具有足够的抗压缩变形能力、承载能力、刚度和稳定性。

3.0.3 抹面层的设计厚度应不大于 8 mm,且不应少于 2 道施工。

3.0.4 饰面层应采用涂料饰面。

3.0.5 现浇保温外墙系统应采用定型产品或成套技术,并应具备同一供应商提供的配套的组成材料和型式检验报告。系统所有组成材料应彼此相容。型式检验报告应包括组成材料的名称、生产单位、规格型号、主要性能参数。

4 系统和组成材料

4.1 现浇保温外墙系统

4.1.1 现浇保温外墙系统由现浇保温墙体和防护层组成,其基本构造应符合表 4.1.1 的规定。

表 4.1.1 现浇保温外墙系统基本构造

现浇保温外墙系统构造					构造示意图
现浇保温墙体			防护层		
现浇混凝土外墙①	保温模板②	锚固件③	抹面胶浆夹有玻纤网④	涂料⑤	

4.1.2 现浇保温外墙系统性能应符合表 4.1.2 的规定。

表 4.1.2 现浇保温外墙系统性能要求

	项目	指标	试验方法
系统耐候性	外观	不得出现空鼓、剥落或脱落、开裂等破坏,不得产生裂缝、出现渗水	DG/TJ 08—2433A
	拉伸粘结强度（MPa）	≥0.20,且破坏部位应位于保温层内	

项目		指标		试验方法
耐冻融性		60次循环后,试件应无空鼓、剥落,无可见裂缝。拉伸粘结强度≥0.20 MPa,破坏部位应位于保温层内		JGJ 144
抗冲击性	建筑物首层墙面及门窗口等易受碰撞部位	10J级		
	建筑物二层及以上墙面	3J级		
吸水量(浸水24 h)(g/m²)		≤500		
抹面层不透水性		2 h不透水		
防护层水蒸气渗透阻		符合设计要求		
锚固件与保温模板的反向拉拔力(kN)	尾盘直径	60 mm	≥3.2	DG/TJ 08—2433A
		80 mm	≥4.5	
		100 mm	≥5.0	
锚固件与保温模板的局部承压力(kN)	锚杆直径	6 mm	≥2.2	DG/TJ 08—2433A
		8 mm	≥2.8	
		10 mm	≥3.2	
	套杆直径	20 mm	≥5.0	
锚固件与混凝土的抗拔承载力(kN)	锚杆直径	6 mm	≥9.0	DG/TJ 08—003
		8 mm	≥12.0	
		10 mm	≥15.0	

4.1.3 现浇保温外墙系统的传热系数、隔声性能、耐火极限应满足现行有关标准和设计要求。

4.2 现浇保温墙体组成材料

4.2.1 现浇保温墙体中采用的混凝土,应符合现行国家标准《混凝土结构通用规范》GB 55008 和《混凝土结构设计规范》GB 50010 的规定,其强度等级应满足结构设计要求。

4.2.2 现浇保温墙体中采用的钢筋、钢材应符合现行国家标准《混凝土结构通用规范》GB 55008 和《钢结构通用规范》GB 55006 的有关规定。

4.2.3 现浇保温墙体中采用的保温模板应符合下列规定:

  1 保温模板外观质量应符合表 4.2.3-1 的规定。

  2 保温模板常用规格尺寸与允许偏差应符合表 4.2.3-2 的规定。

  3 保温模板性能要求应符合表 4.2.3-3 的规定。

表 4.2.3-1 保温模板外观质量

项目	要求	试验方法
外形缺陷	不应有缺棱掉角	
外表缺陷	表面不应粉化、破损	目测
污渍、油渍	不应有污渍、油渍	

表 4.2.3-2 保温模板常用规格尺寸与允许偏差

项目	常用规格尺寸(mm)	允许偏差(mm)	试验方法
长度	2 400	± 3	
宽度	1 200	± 2	
厚度	50～100	$\begin{array}{c}+3.0\\0\end{array}$	GB/T 29906
对角线差	/	$\leqslant 3.0$	
板侧边平直度	/	$\leqslant L/750$	
平整度	/	1	DG/TJ 08—2433A

注:L 为保温模板长度尺寸。

表 4.2.3-3　保温模板性能要求

项目	性能要求	试验方法
干密度（kg/m³）	180～230	DG/TJ 08—2433A
抗压强度（MPa）	≥0.30	DG/TJ 08—2433A
抗拉强度（垂直于板面方向）（MPa）	≥0.20	JGJ 144
保温模板与混凝土的拉伸粘结强度（MPa）	≥0.20，且破坏面在保温层内	DG/TJ 08—2433A
体积吸水率（%）	≤10.0	DG/TJ 08—2433A
压缩弹性模量（kPa）	≥20 000	GB/T 8813
抗折破坏荷载（N）	≥3 000	GB/T 19631
弯曲变形（mm）	≥6	GB/T 33001 方法 B
导热系数（25℃）[W/(m·K)]	≤0.055	GB/T 10294 或 GB/T 10295*
干燥收缩率（%）	≤0.3	JG/T 536
燃烧性能等级	A 级	GB 8624
软化系数	≥0.8	DG/TJ 08—2433A

　　注＊：当两种方法的测试结果有争议时，以现行国家标准《绝热材料稳态热阻及有关特性的测定热流计法》GB/T 10294 为准。试件制作情况应在报告中写明。当保温模板采用钢丝焊接网为构造加强措施时，导热系数测定应去除保温模板内部的钢丝网。

4.2.4　当保温模板采用钢丝焊接网为构造加强措施时，应采取镀锌或浸涂防腐剂等防腐措施。钢丝焊接网采用镀锌防腐时，应采用热浸镀工艺，镀层质量应满足现行行业标准《钢丝及其制品锌或锌铝合金镀层》YB/T 5357 的要求。

4.2.5　现浇保温墙体中采用的锚固件应符合下列规定：

　　1　锚固件应采用不锈钢材质，其牌号、化学成分应符合现行国家标准《不锈钢和耐热钢　牌号及化学成分》GB/T 20878 的有关规定，宜采用统一数字代号为 S304××、S316×× 的奥氏体型不锈钢。对大气环境腐蚀性高的工业密集区及海洋氯化物环境地区应采用统一数字代号为 S357-1 的奥氏体型不锈钢。

    2 锚固件不锈钢的力学性能应符合表 4.2.5-1 的规定。

    3 锚固件常用规格见表 4.2.5-2。

    4 锚固件性能要求应符合表 4.2.5-3 的规定。

    5 锚固件尾盘可包覆，部分锚杆可套管，包覆材料或套管材料应为聚酰胺(Polyamide 6、Polyamide 6.6)、聚乙烯(Polyethylene)或聚丙烯(Polypropylene)，严禁使用再生材料。当采用套管时，其外径宜为 20 mm，套管长度应与保温模板厚度相匹配，套管不应伸入混凝土中。

表 4.2.5-1　锚固件不锈钢材料的力学性能要求

项目	性能要求	试验方法
规定塑性延伸强度 $R_{p0.2}$(MPa)	≥380	GB/T 228.1
抗拉强度 R_m(MPa)	≥600	
断后伸长率 A(%)	≥30	
拉伸杨氏模量(静态法)(GPa)	≥130	GB/T 22315

注:性能要求的计算应符合现行上海市工程建设规范《预制混凝土夹心保温外墙板应用技术标准》DG/TJ 08—2158 的规定。

表 4.2.5-2　锚固件常用规格

锚杆直径(mm)	锚杆长度(mm)	尾盘直径(mm)	尾盘厚度(mm)
6,8,10	120,150,180,220	60,80	≥1.2

注:其他规格的非标产品,由供需双方协商决定。

表 4.2.5-3　锚固件尾盘抗拉承载力性能要求

项目	性能要求		试验方法
尾盘抗拉承载力(kN)	锚杆直径	6 mm	≥5.0	DG/TJ 08—2433A
		8 mm	≥6.5	
		10 mm	≥7.5	

4.3 防护层材料

4.3.1 抹面胶浆的性能应符合表 4.3.1 的规定。

表 4.3.1 抹面胶浆性能要求

项目		性能要求	试验方法
拉伸粘结强度(与保温模板)(MPa)	原强度	≥0.20,且破坏在保温层	GB/T 29906
	浸水 48 h,干燥 7 d	≥0.20,且破坏在保温层	
可操作时间(h)		1.5~4.0	
压折比		≤3.0	

4.3.2 玻纤网的性能应符合表 4.3.2 的规定。

表 4.3.2 玻纤网性能要求

项目	性能要求	试验方法
单位面积质量(g/m²)	≥160	GB/T 9914.3
耐碱断裂强力(经、纬向)(N/50 mm)	≥1 200	GB/T 7689.5
耐碱断裂强力保留率(经、纬向)(%)	≥65	GB/T 20102
断裂伸长率(经、纬向)(%)	≤4.0	GB/T 7689.5
可燃物含量(%)	≥ 12.0	GB/T 9914.2

4.4 其他材料

4.4.1 密封胶、界面剂、防水抗裂材料、轻质修补砂浆、聚合物砂浆等应符合现行产品和环保标准的规定,并应满足设计要求,在选择和使用前,均应验证其与系统主要组成材料的相容性。

4.4.2 饰面涂料的产品性能应符合现行上海市工程建设规范《建筑墙面涂料涂饰工程技术标准》DG/TJ 08—504 的规定,并应与涂料的基层材料相容,其有害物质限量应符合现行国家标准《建筑用墙面涂料中有害物质限量》GB 18582 的规定。

4.4.3 现浇混凝土保温外墙与预制混凝土外墙板接缝处密封胶的背衬材料应与清洁溶剂和底涂彼此相容,宜选用发泡闭孔聚乙烯棒或发泡氯丁橡胶棒。

5 设 计

5.1 一般规定

5.1.1 现浇保温外墙系统适用于高度不超过 100 m 的建筑,不适用于地下室外墙。

5.1.2 现浇保温外墙系统应能适应正常的建筑变形,在长期正常荷载及室外气候的反复作用下,不应产生破坏。系统在正常使用或按本地区抗震设防烈度地震作用下不应发生脱落。

5.1.3 现浇保温外墙系统的结构设计应符合现行国家标准《工程结构通用规范》GB 55001、《建筑与市政工程抗震通用规范》GB 55002、《混凝土结构设计规范》GB 50010、《建筑抗震设计规范》GB 50011 和现行行业标准《高层建筑混凝土结构技术规程》JGJ 3 的规定。荷载取值应符合现行国家标准《建筑结构荷载规范》GB 50009 的规定。

5.1.4 现浇保温外墙系统的设计应满足结构整体设计要求,应考虑可能对主体结构刚度产生的影响。

5.1.5 现浇保温外墙系统的保温模板厚度应满足节能设计要求,不宜小于 50 mm,也不应大于 100 mm。

5.1.6 现浇保温外墙系统外饰面层应采用涂料饰面,涂料设计要求应符合现行上海市工程建设规范《建筑墙面涂料涂饰工程技术规程》DG/TJ 08—504 的规定。

5.2 立面设计

5.2.1 应根据现浇保温外墙系统和预制外墙保温系统模数化的

规格尺寸进行建筑立面设计,并应做好建筑立面上与其他外墙保温系统的有机衔接。

5.2.2 建筑立面应简洁,外墙不宜设置装饰性线条或面板。确需设置时,应符合下列规定:

    1 装饰性线条或面板应采用金属连接件与主体结构可靠连接,连接件的耐久性不应低于相关标准的要求。

    2 装饰性线条或面板应采用燃烧性能为 A 级的材料。

5.3 防水与抗裂

5.3.1 现浇保温外墙系统与其他外围护保温系统交接处应进行防水设计,合理选用防水、密封材料,防水、密封材料应与保温系统材料相容,并采取相应的密封防水构造措施。不同材料交接处应进行抗裂设计,并对饰面进行合理的构造处理。

5.3.2 现浇外挑开敞阳台、空调板、雨篷或开敞凸窗顶板等易积水的水平板面与预制外墙板交接部位的构造示意见图 5.3.2,并应符合下列规定:

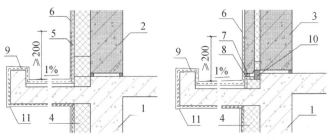

(a) 现浇墙板与预制反打保温板　　　(b) 现浇墙板与预制夹心保温板

1—现浇混凝土墙体;2—预制反打保温墙板;3—预制夹心保温墙板;
4—保温模板;5—抹面层;6—饰面层;7—背衬材料;
8—密封胶等防水抗裂材料;9—防水层,如 JS 防水涂料;
10—闭孔聚乙烯垫或发泡橡塑条;11—滴水线

图 5.3.2　水平板面与外墙交接构造示意图

1 交接部位水平接缝应采取有效的密封措施。

2 交接部位防水层应沿外墙面上翻至水平板完成面以上不小于 200 mm 高,且应沿外口下翻至少至滴水线位置。

3 水平板面应设置不小于 1‰的排水坡度。

5.3.3 建筑外墙部品及附属构配件与主体外墙的连接应牢固可靠。预埋件四周及金属构件穿透保温层的范围内应采取有效的密封措施及防腐处理。

5.3.4 现浇保温外墙与预制反打保温墙板竖向交接处应密拼错缝处理,错缝宽度宜为 50 mm,构造示意见图 5.3.4-1;水平交接处构造示意见图 5.3.4-2。

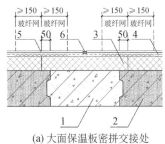

(a) 大面保温板密拼交接处

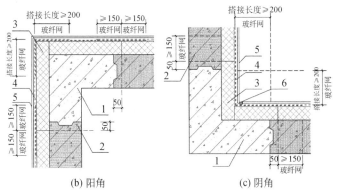

(b) 阳角　　　　　　　　(c) 阴角

1—现浇混凝土墙体;2—预制反打保温墙板;3—保温模板;4—抹面层;5—饰面层;
6—分隔槽处密封胶等防水抗裂材料(根据设计需要设置)

图 5.3.4-1 现浇保温外墙与预制反打保温墙板竖向交接处构造示意图

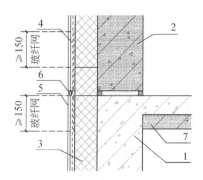

1—现浇混凝土墙体；2—预制反打保温墙板；3—保温模板；4—抹面层；
5—饰面层；6—分隔槽处密封胶等防水抗裂材料（根据设计需要设置）；
7—叠合楼板

图 5.3.4-2 现浇保温外墙与预制反打保温墙板水平交接处构造示意图

5.3.5 现浇保温外墙与预制夹心保温墙板交接处的构造应符合下列规定：

1 水平缝应采用构造和材料相结合的防、排水系统。水平缝应采用高低缝，高差不宜小于 40 mm，减压空腔有效宽度不宜小于 20 mm，构造示意见图 5.3.5-1(a)；竖缝宜采用平缝，构造示意见图 5.3.5-1(b)和(c)。

2 预制夹心保温墙板首层竖缝内应设置排水管，导水管构造示意见图 5.3.5-2，其他层排水管间距不应超过 3 层，板缝内侧应增设密封构造。排水管内径不应小于 8 mm，排水管坡向外墙面，排水坡度不应小于 5%。

5.3.6 现浇保温外墙与其他外围护保温系统接缝处采用密封胶嵌缝时，嵌缝深度不应小于缝宽的 1/2 且不应小于 8 mm。当仅采用材料防水构造时，密封胶嵌缝深度不应小于 20 mm。

5.3.7 外墙抹面层中玻纤网的铺设应符合下列规定：

1 应连续铺设玻纤网，搭接长度不应小于 100 mm。

2 首层外墙等易受碰撞的部位应铺设 2 层玻纤网。

3 外墙阴阳角处玻纤网应交错搭接，搭接宽度不应小于

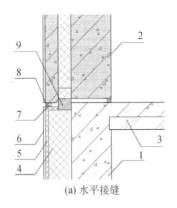

(a) 水平接缝

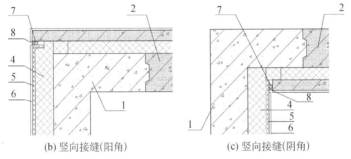

(b) 竖向接缝(阳角)　　(c) 竖向接缝(阴角)

1—现浇混凝土墙体;2—预制夹心保温墙板;3—叠合楼板;4—保温模板;5—抹面层;
6—饰面层;7—背衬材料;8—密封胶等防水抗裂材料;9—闭孔聚乙烯垫或发泡橡塑条等

图 5.3.5-1　现浇保温外墙与预制夹心保温墙板交接处的构造示意图

200 mm,构造示意见图 5.3.7-1。

　　4　现浇保温墙体与预制反打保温墙板密拼交接处周边 150 mm 宽的范围内,应附加 1 层玻纤网,竖向交接处玻纤网设置构造示意见图 5.3.4-1,水平交接处玻纤网设置构造示意见图 5.3.4-2。

　　5　门窗洞口周边应附加 1 层玻纤网,玻纤网的搭接宽度不应小于 200 mm;门窗洞口角部 45°方向应加贴小块玻纤网,尺寸不应小于 300 mm×400 mm,构造示意见图 5.3.7-2。

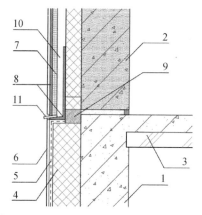

1—现浇混凝土墙体;2—预制夹心保温墙板;3—叠合楼板;4—保温模板;5—抹面层;
6—饰面层;7—背衬材料;8—密封胶等防水抗裂材料(与保温板交接处涂刷底涂液);
9—闭孔聚乙烯垫或发泡橡塑条等;10—空腔;11—导水管

图 5.3.5-2 现浇保温外墙与预制夹心保温墙板交接处导水管构造示意图

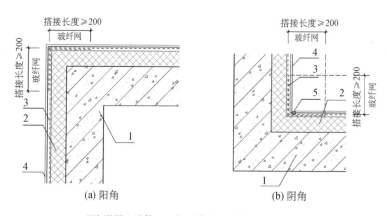

1—现浇混凝土墙体;2—保温模板;3—抹面层;4—饰面层;
5—分隔槽处密封胶等防水抗裂材料(位置根据设计需要设置)

图 5.3.7-1 阴阳角处玻纤网设置示意图

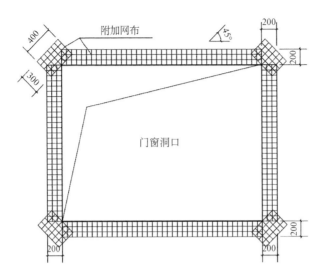

图 5.3.7-2　门窗洞口玻纤网设置示意图

5.3.8 外墙抹面层中分隔槽的设置应符合下列规定：

　　1 分隔槽宽度应为 15 mm～20 mm。抹面施工前分隔槽内应嵌入塑料分隔条或泡沫塑料棒等，外表应用密封胶等防水抗裂材料处理。

　　2 分隔槽处的玻纤网应连续铺设，且应采取有效的密封措施。

　　3 水平分隔槽应每层设置，位置宜结合楼层设置，构造示意见图 5.3.4-2 和图 5.3.8；当水平分隔槽设置间距大于 1 层且连续墙面面积大于 30 m² 时，应设置竖向分隔槽、竖向分隔缝，并宜结合阴角位置设置，构造示意见图 5.3.4-1 和图 5.3.7-1。

5.3.9 现浇保温外墙系统外窗构造示意见图 5.3.9，并应符合下列规定：

　　1 外窗应采用预埋附框的安装形式，附框与现浇混凝土墙体及窗框应可靠连接，并应进行有效的保温及防水处理，其技术要求尚应符合现行国家标准《建筑门窗附框技术要求》GB/T 39866 的相关规定。

2 外窗台应设置不小于 5% 的外排水坡度,其上防水层沿外墙面下翻不应小于 100 mm 高;门窗上楣外口应做滴水线。

3 门窗外侧洞口四周墙体的保温层厚度不应小于 20 mm。

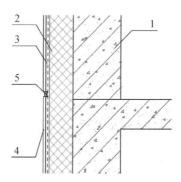

1—现浇混凝土墙体;2—保温模板;3—抹面层;4—饰面层;
5—密封胶等防水抗裂材料

图 5.3.8 水平分隔槽构造示意图

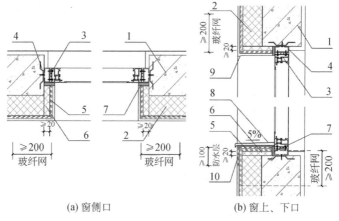

(a) 窗侧口　　　　　　　(b) 窗上、下口

1—现浇混凝土墙体;2—保温模板;3—窗框;4—附框;5—抹面层;6—窗口保温;
7—密封胶;8—成品披水板;9—滴水线;10—防水层,如 JS 防水涂料

图 5.3.9 外窗节点构造示意图

5.3.10 现浇保温外墙系统外窗台处应设置成品披水板,披水板宜与窗下框型材一体化设计。当与窗框型材配合连接时,应有可靠的连接及密封措施。

5.3.11 现浇保温外墙预留孔洞和缝隙应在作业完成后进行密封及防水处理,并应符合下列规定:

    1 穿墙管道应预留套管,管道与套管之间的缝隙应选用低吸水率的弹性保温材料封堵密实,内外两侧应采取密封胶封堵等防水密封措施,构造示意见图5.3.11。

    2 电气线路应采用金属套管,金属管与墙体缝隙应采用不燃材料进行防火封堵。

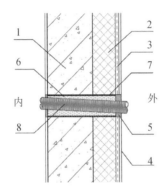

1—现浇混凝土墙体;2—保温模板;3—抹面层;4—饰面层;
5—密封胶;6—保温材料,如发泡聚氨酯等;
7—套管;8—管道

图 5.3.11 孔洞密封示意图

5.3.12 女儿墙宜设置混凝土压顶或金属压顶,压顶应向内找坡,坡度不应小于2%。当采用混凝土压顶时,压顶上方应做防水层并应延续至压顶内外两侧滴水线部位,构造示意见图5.3.12(a);当采用金属压顶时,金属压顶应采用专用金属配件固定,构造示意见图5.3.12(b)。

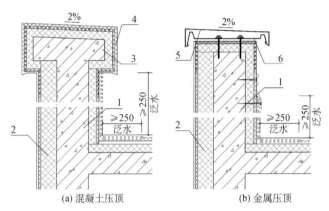

(a) 混凝土压顶　　　　(b) 金属压顶

1—女儿墙;2—保温模板;3—混凝土压顶;4—防水层,如 JS 防水涂料;
5—金属压顶;6—金属配件

图 5.3.12　女儿墙混凝土压顶示意图

5.3.13　现浇保温外墙系统勒脚部位室外地面以上不小于 600 mm 范围内的应设置防水层。现浇保温外墙与室外地面散水之间应设缝,缝宽为 20 mm～30 mm,缝内应填柔性密封材料,构造示意见图 5.3.13。

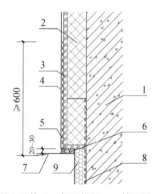

1—现浇混凝土墙体;2—保温模板;3—抹面层;4—饰面层;
5—勒脚部位防水层,如 JS 防水涂料;6—密封胶(内衬 PE 棒);
7—散水;8—地下室外墙防水层;9—地下室保护墙或保温板

图 5.3.13　勒脚部位示意图

5.3.14 现浇保温外墙系统变形缝的设置应符合下列规定,构造示意见图 5.3.14。

1 现浇保温外墙系统应在变形缝处断开。

2 变形缝内应填充燃烧性能为 A 级的弹性保温材料,填充深度应大于缝宽的 3 倍且不应小于 100 mm。

3 变形缝部位应采取防水加强措施。当采用增设卷材附加防水层措施时,卷材两端应满粘于墙体,满粘的宽度不应小于150 mm,并应用钉压固定,卷材收头应采用密封材料密封。

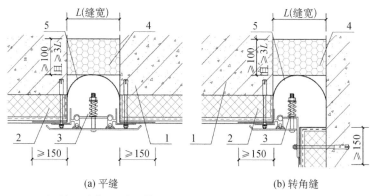

(a) 平缝　　　　　　　　　(b) 转角缝

1—现浇混凝土墙体;2—保温模板;3—变形缝装置;4—保温材料;5—防水卷材

图 5.3.14　变形缝构造示意图

5.4　热工设计

5.4.1 现浇保温外墙系统热工性能应符合现行上海市工程建设规范《居住建筑节能设计标准》DGJ 08—205 或《公共建筑节能设计标准》DGJ 08—107 的规定,并应满足设计要求。

5.4.2 进行外墙系统传热系数计算时,保温模板的密度、导热系数、蓄热系数及修正系数的取值应符合其产品标准的规定。典型保温模板热工性能及修正系数应按表5.4.2选取。

表 5.4.2　典型保温模板热工性能取值

密度(kg/m³)	导热系数 λ [W/(m·K)]	蓄热系数 S [W/(m²·K)]	修正系数 α
180~230	0.055	0.99	1.15

5.4.3　外墙保温模板厚度应通过热工计算确定,计算方法应符合现行国家标准《民用建筑热工设计规范》GB 50176 的规定。

5.5　锚固件设计

5.5.1　现浇保温外墙系统的锚固件应进行在使用阶段持久设计状况的承载力验算和变形验算、地震设计状况下的承载力验算,验算时不应计入保温层与现浇墙体间的粘结作用。

5.5.2　考虑到作用在现浇混凝土外墙系统上的风荷载,保温层与墙体的连接应按围护结构进行计算和设计。在锚固件设计时,应承受直接施加于外墙外侧上的荷载与作用。

5.5.3　锚固件设计时,结构重要性系数 γ_0 不应小于 1.0,连接节点承载力抗震调整系数 γ_{RE} 应取 1.0。连接节点的承载力验算应采用荷载效应基本组合的设计值,变形验算应采用荷载效应标准组合的设计值。

5.5.4　现浇保温外墙系统中,锚固件与保温模板反向拉拔承载力设计值、与保温模板局部承压力设计值、与混凝土的抗拔承载力设计值、尾盘与锚杆抗拉承载力设计值应分别按式(5.5.4-1)~式(5.5.4-4)确定。

$$R_t = R_{tm}/\gamma_t \tag{5.5.4-1}$$

$$R_c = R_{cm}/\gamma_c \tag{5.5.4-2}$$

$$R_d = R_{dm}/\gamma_d \tag{5.5.4-3}$$

$$R_p = R_{pm}/\gamma_p \tag{5.5.4-4}$$

式中：R_t，R_{tm}——锚固件与保温模板反向拉拔承载力设计值、检验值(为表 4.1.2 要求的最小值)；

R_c，R_{cm}——锚固件与保温模板局部承压承载力设计值、检验值(为表 4.1.2 要求的最小值)；

R_d，R_{dm}——锚固件与混凝土抗拔承载力设计值、检验值(为表 4.1.2 要求的最小值)；

R_p，R_{pm}——锚固件尾盘抗拉承载力设计值、检验值(为表 4.2.7-3 要求的最小值)；

γ_t——锚固件与保温模板反向拉拔承载力分项系数，取 2.5；

γ_c——锚固件与保温模板局部承压承载力分项系数，取 3.0；

γ_d——锚固件与混凝土抗拔承载力分项系数，取 2.5；

γ_p——锚固件尾盘抗拉承载力分项系数，取 2.5。

5.5.5 连接节点承载力计算时,荷载效应基本组合设计值应满足式(5.5.5-1)～式(5.5.5-3)的规定。

1 持久设计状况

$$S = \gamma_G S_{Gk} + \gamma_W S_{Wk} \tag{5.5.5-1}$$

2 地震设计状况

在水平地震作用下：

$$S = \gamma_G S_{Gk} + \gamma_{Eh} S_{Ehk} + \psi_W \gamma_W S_{Wk} \tag{5.5.5-2}$$

在竖向地震作用下：

$$S = \gamma_G S_{Gk} + \gamma_{Ev} S_{Evk} \tag{5.5.5-3}$$

式中： S——荷载效应基本组合的设计值；

S_{Gk}——永久荷载的效应标准值；

S_{Wk}——风荷载的效应标准值；

S_{Ehk}——水平地震作用组合的效应标准值；

S_{Evk}——竖向地震作用组合的效应标准值；

γ_G——永久荷载分项系数,按第5.5.6条规定取值;

γ_W——风荷载分项系数,取1.5;

ψ_W——风荷载组合系数,地震设计状况下取0.2;

γ_{Eh},γ_{Ev}——水平地震作用、竖向地震作用分项系数,按表5.5.5取值。

表5.5.5 地震作用分项系数

地震作用	γ_{Eh}	γ_{Ev}
仅计算水平地震作用	1.4	0.0
仅计算竖向地震作用	0.0	1.4
同时计算水平与竖向地震作用(水平地震为主)	1.4	0.5
同时计算水平与竖向地震作用(竖向地震为主)	0.5	1.4

5.5.6 持久设计状况、地震设计状况下进行连接节点的承载力设计时,永久荷载分项系数 γ_G 应按下列规定取值:

1 现浇保温外墙系统平面外承载力设计时,γ_G 取0;平面内承载力设计时,持久设计状况下 γ_G 取1.3,地震设计状况下 γ_G 取1.3。

2 接节点承载力设计时,在持久设计状况下 γ_G 取1.3,在地震设计状况下 γ_G 取1.3;当永久荷载效应对连接节点承载力有利时,γ_G 取1.0。

5.5.7 计算水平地震作用标准值时,可采用等效测力法,并应按式(5.5.7)计算。

$$F_{Ehk} = \beta_E \alpha_{max} G_k \qquad (5.5.7)$$

式中:F_{Ehk}——施加于外墙的保温层和抹灰层重心处水平地震作用标准值,当验算连接节点承载力时,连接节点地震作用效应标准值应乘以2.0的增大系数;

β_E——动力放大系数,可取5.0;

α_{max}——水平地震影响系数最大值,可取0.08;

G_k——外墙保温层和抹灰层的重力荷载标准值。

5.5.8 计算薄抹灰面层的重力荷载标准值时,应考虑施工影响,施工影响系数可取 1.6。

5.5.9 竖向地震作用标准值可取水平地震作用标准值的 0.65 倍。

5.5.10 锚固件在荷载效应标准组合下的挠度不应大于 $L/100$,其中 L 为锚固件的悬臂长度。

5.5.11 现浇保温外墙系统应采用锚固件将保温层和现浇墙体可靠连接。锚固件应符合下列规定:

1 锚固件的其他配套部件材料应满足主体结构设计工作年限和耐久性要求。

2 锚固件杆件直径不应小于 6 mm,不锈钢尾盘直径不应小于 8 倍锚杆直径,且不应小于 60 mm,不锈钢尾盘的厚度不应小于 1.2 mm。

3 当建筑高度超过 60 m,保温模板侧立布置和板底布置时,锚固件锚杆直径不应小于 8 mm。

5.5.12 现浇保温外墙系统中的锚固件宜采用矩形布置或梅花形布置。锚固件间距应按设计要求确定,锚固件距保温模板边缘宜为 120 mm~250 mm,间距宜为 500 mm~750 mm,保温模板厚度为 100 mm;建筑高度低于 24 m 时可按高值取用,其余情况宜按低值取用。当有可靠试验依据时,也可采用其他间距和边距。

5.5.13 现浇保温外墙系统中,锚固件布置应满足设计要求,并应符合下列规定:

1 应以每块保温模板为单元,根据板块大小和尺寸进行布置。

2 保温模板侧立布置和板底布置时,锚固件数量不应少于 4 个/m²;板面布置时不应少于 3 个/m²,板面布置时锚固件可采用 6 mm 锚杆直径。

3 保温外墙墙板边缘独立保温模板小于等于 0.3 m² 时,锚固件不应少于 1 个；大于 0.3 m² 、小于 1.0 m² 时，锚固件不应少于 2 个。

5.5.14 现浇保温外墙系统在保温模板排布时，墙边缘保温模板不宜小于 0.3 m² ，且短边长度不宜小于 0.20 m。

5.5.15 锚固件在现浇墙体中的有效锚固长度不应小于 7 倍锚杆直径，且不应小于 50 mm。

6 施 工

6.1 一般规定

6.1.1 现浇保温外墙系统的施工除应符合本标准的规定外,尚应符合现行国家标准《混凝土结构工程施工规范》GB 50666 及现行行业标准《建筑施工模板安全技术规范》JGJ 162 的有关规定。

6.1.2 现浇保温外墙系统施工前应制定专项施工方案,专项方案应包括保温模板排版、锚固件、预埋件、对拉螺栓等布置、保温模板安装、模板加固体系的安全性验算、节点处理、施工质量管理、安全防护措施、成品保护措施及施工阶段保温模板耐候性保护措施、防护层施工等。

6.1.3 现浇保温外墙系统施工作业人员应具备岗位需要的基础知识和技能,施工单位应结合现浇保温外墙系统及其他外墙保温一体化系统的特点与节点构造对管理人员、施工作业人员进行专项质量安全技术交底。

6.1.4 现浇保温外墙施工前,应选择接缝防水、窗边收口、预制与现浇结合等有代表性的部位进行构造样板试作。对保温模板安装、防护层施工等关键工序应进行工序样板试作。根据样板试作检查验收结果,应及时调整施工工艺参数,经建设、设计、施工、监理各方确认后方可进行大面积施工。

6.1.5 现浇保温外墙系统的材料应入库由专人保管,不宜露天堆放。堆放过程中应避免保温模板产生塑性变形。

6.1.6 施工过程中现浇保温模板不应长时间暴露在大气、雨水等环境。每次连续施工不超过 6 层,应对保温模板外侧采取耐候性保护措施。

6.1.7 现浇保温外墙系统的施工温度不应低于 5℃,且不宜高于 35℃,夏季应避免阳光暴晒,在 5 级及以上大风天气不得施工。

6.1.8 现浇保温外墙系统施工完成后应做好成品保护。穿墙套管、脚手眼、孔洞应按施工方案采取隔断热桥措施。

6.2 施工准备

6.2.1 保温模板加工前,施工单位应根据设计图纸与保温模板的进场规格进行保温模板及其锚固件的翻样与排版,单块保温模板的最小宽度不应小于 150 mm,锚固件布置应满足本标准第 5.5 节的要求。

6.2.2 保温模板加工时,应根据设计图纸和排版图尺寸弹出切割线,宜采用专用器具进行切割,保温模板加工允许偏差应满足表 6.2.2 的要求。

表 6.2.2　保温模板加工允许偏差及检验方法

项次	项目	允许偏差（mm）	检验方法
1	板块长、宽尺寸	±3	尺量检查
2	对角线差	≤3	尺量检查
3	板面平整度	3	2 m 靠尺板和塞尺检查
4	锚固件定位	±5	尺量检查
5	预留孔定位	±5	尺量检查

6.3 现浇混凝土保温外墙施工

6.3.1 现浇混凝土保温外墙板应根据设计排版图进行安装,安装应由外向内、自下而上进行,宜先安装外墙阴阳角部位处保温模板,后安装大面墙板。

6.3.2 保温模板及其支护应具有足够的承载能力、刚度和稳定性,应能承受现浇混凝土自重、侧压力和施工过程中所产生的荷载及风荷载。保温模板支护设计应经计算确定。保温模板的外支护可采用金属构件,内支护宜采用与保温模板接触面较大的限位卡件。保温模板支护示意见图 6.3.2。

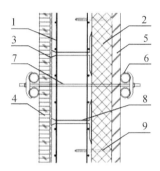

1—墙体钢筋;2—保温模板;3—内模板;4—内龙骨;5—金属外龙骨;
6—钢管围檩;7—对拉螺杆;8—限位卡件;9—保温模板锚固件

图 6.3.2 保温模板支护示意图

6.3.3 现浇混凝土保温外墙模板的对拉螺杆间距不宜大于 600 mm,顶部首排对拉螺杆距现浇混凝土顶面不宜大于 400 mm。底部首排对拉螺杆距现浇混凝土底面不应大于 250 mm。宜利用下层已浇筑部位的顶排对拉螺杆加固浇筑层模板,避免层间错台。

6.3.4 锚固件孔洞应使用专用开孔工具,孔洞大小应与锚固件直径相适应,允许偏差应满足表 6.2.2 要求。锚固件应采取防脱出构造或固定措施。锚固件尾盘面应与保温模板面平。

6.3.5 保温模板安装允许偏差应满足表 6.3.5 要求。在现浇保温外墙系统施工过程中,应每 3 层挂通线校核外立面平整度与垂直度,根据校核结果及时纠正累计偏差。

表 6.3.5 保温模板安装允许偏差及检验方法

项次	项目	允许偏差(mm)	检验方法
1	轴线位置	3	尺量检查

项次	项目	允许偏差(mm)	检验方法
2	构件截面尺寸	±3	尺量检查
3	表面平整度	3	2 m靠尺和塞尺检查
4	拼缝宽度	≤2	塞尺检查
5	垂直度	3	2 m靠尺检查
6	相邻模板表面高差	2	尺量检查
7	预埋件定位	±5	尺量检查

6.3.6 混凝土浇筑施工应符合下列规定：

1 现浇混凝土外墙一次浇筑高度不宜大于3.0 m。

2 混凝土宜分层浇筑,每次浇筑高度与振捣时间应符合现行国家标准《混凝土结构工程施工规范》GB 50666 的规定。

3 浇筑后应振捣密实,振捣棒应避免与保温模板及其锚固件直接接触。

4 混凝土浇筑时,应派专人看模,如出现涨模、漏浆及锚固件脱出等现象,应立即采取加固或封堵措施。

6.3.7 内模板以及支撑加固措施的拆除时间和要求,应按现行国家标准《混凝土结构工程施工质量验收规范》GB 50204 和现行行业标准《建筑施工模板安全技术规范》JGJ 162 的规定执行。

6.3.8 现浇保温外墙完成后,应注意对保温模板成品进行保护,避免污染与硬质物体撞击,不得在现浇保温外墙上剔凿。

6.3.9 大型机械附墙、外脚手架拉结等施工措施应设置在混凝土基层,不得设置在保温模板上。

6.3.10 当脚手架附着、大型机械附着等局部部位需采用后置保温板时,后置保温模板材料应于主体保温材料一致。当后置保温板短边长在300 mm 及以下时,可满涂粘接剂;当后置保温板短边长在300 mm 以上时,应采用粘锚结合的形式粘贴,单个锚固件拉拔力不应低于设计要求。

6.3.11 当保温模板因局部凹坑、掉角、脱皮需修补时，宜采用轻质修补砂浆进行修补。

6.4 结合部位施工

6.4.1 当现浇混凝土保温外墙与预制装配式结构配合使用时，预制构件的结合面应符合现行国家标准《混凝土结构工程施工规范》GB 50666、现行行业标准《装配式混凝土结构技术规程》JGJ 1 的相关规定。

6.4.2 当现浇混凝土保温外墙系统与预制装配式结构配合使用时，现浇部位保温模板与预制墙板的竖向缝应按本标准第 5.3.4 条采取密拼错缝防水处理。

6.4.3 保温模板之间的拼缝、保温模板与其相邻的预制构件或砌体之间的拼缝应采取防漏浆措施。

6.5 防水施工

6.5.1 现浇保温外墙系统中使用的防水材料应与保温系统材料相容。当采用防水涂料或防水砂浆时，与相邻界面的粘结强度应满足设计要求。

6.5.2 现浇保温外墙接缝采用发泡剂填充时，应检查接缝内腔情况，接缝内不应有浮浆、杂物与明积水。发泡剂施打应连续均匀、饱满。

6.5.3 拉模孔、脚手眼等施工预留孔洞中间应采用保温材料填充，内外墙面两侧应采用防水材料封堵，构造示意见图 6.5.3。

6.5.4 密封胶施工前，应对基面进行检查。缝的内腔应干燥、无异物。缝的深度及宽度应满足设计要求。当缝宽度小于 10 mm 或深度不足 10 mm 时，应进行切缝处理；当缝宽度大于 30 mm 时，应分次打胶；当缝宽度大于 40 mm 时，不得直接打胶，应明确

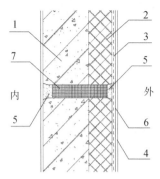

1—现浇墙体；2—保温模板；3—抹面胶浆；4—饰面层；
5—密封胶；6—玻纤网；7—发泡聚氨酯

图 6.5.3　施工预留孔洞封堵示意图

相应防水措施，经建设、设计及监理认可后方可施工。密封胶施工应连续、均匀、顺直。

6.5.5 当女儿墙、外挑阳台、窗台、凸窗顶板等部位的面层需采用后期粘贴保温板时，迎水面保温板的饰面层不宜留设竖向拼缝。

6.5.6 现浇外墙保温系统进行防水层施工前，基层应平整坚实。外挑阳台、雨篷、凸窗上口等易积水的阴角部位应采用防水砂浆抹圆角。防水层应按本标准第5.3.2条要求下翻至滴水线。

6.6　防护层施工

6.6.1 抹面层施工应在基层质量验收合格后进行。基层应平整、无污染、无杂物，凸起、空鼓和疏松部位应剔除，破损部位应已完成修复，接缝防水、孔洞封堵等防水隐蔽工程应验收完成。基层墙体的质量除应满足表6.6.1的要求外，还应符合现行国家标准《混凝土结构工程施工质量验收规范》GB 50204 的相关规定。

表 6.6.1　基层墙体尺寸允许偏差及检验方法

项次	项目	允许偏差(mm)	检验方法
1	立面垂直度	4	拉线检查
2	表面平整度	4	2 m靠尺和塞尺检查
3	阴阳角方正	4	直角检测尺检查
4	保温板拼缝宽度	≤3	塞尺检查

6.6.2　抹面胶浆应按产品说明书的配比要求进行计量,应充分搅拌,搅拌好的抹面胶浆应在 1.5 h 内用完。抹面胶浆涂抹前,宜用界面剂处理。

6.6.3　抹面层在施工前,应先制作样板,经建设、设计和监理单位确认后方可施工。

6.6.4　抹面层施工应符合现行国家标准《建筑装饰装修工程施工质量验收规范》GB 50210 的相关规定。

6.6.5　抹面层应至少分 2 道施工,每道抹面层厚度应控制在 3 mm～5 mm,抹面层平均总厚度应不大于 8 mm,施工允许误差应为(−3 mm,+5 mm)。首道抹面层施工可作为耐候性保护措施在结构施工阶段提前穿插。

6.6.6　外墙抹面层中玻纤网的铺设应符合下列规定:

1　大面施工前,应按本标准第 5.3.4 条要求,完成接缝、门窗洞口、不同材料交接处等部位的附加层铺设。

2　大面连续的玻纤网应设置在面层抹面内,搭接宽度应满足本标准第 5.3.4 条要求。

3　玻纤网的铺设应平整,无褶皱、翘边等现象,抹面胶浆应完全覆盖玻纤网,不得出现玻纤网外露。

6.6.7　抹面施工前,应按设计要求在基面弹出分隔槽位置。开槽时应采用专用工具,开槽宽度应满足设计要求,深度应至保温层表面。

6.6.8　涂料饰面施工应符合现行国家标准《建筑装饰装修工程施工质量验收规范》GB 50210 的相关规定。

7 质量验收

7.1 一般规定

7.1.1 现浇保温外墙系统工程质量验收应符合国家、行业和本市现行有关标准的规定。

7.1.2 现浇保温外墙系统应与主体结构一同验收，施工过程中应及时进行质量检查、隐蔽工程验收与检验批质量验收和检验。保温模板安装完成后，在浇筑混凝之前应进行隐蔽工程验收。

7.1.3 隐蔽工程在隐蔽前应由施工单位通知监理单位进行验收，并应有详细的文字记录和必要的图像资料，验收合格后方可继续施工。现浇保温外墙系统工程应对下列部位或内容进行隐蔽工程验收：

1 保温模板锚固件数量、规格及锚固位置。

2 保温模板安装允许偏差。

3 保温模板拼缝、阴阳角、门窗洞口及不同材料交接处等特殊部位防止涨模、开裂和破坏的加强措施。

4 女儿墙、封闭阳台以及出挑构件等墙体特殊热桥部位处理。

5 保温模板外观质量和厚度。

6 现浇保温外墙系统构造节点。

7.1.4 保温模板工程的施工、安装应按模板检验批进行检查验收并参与模板分项工程的验收。

7.1.5 现浇保温外墙系统的工程检验批划分应符合下列规定：

1 每 500 m² ～1 000 m² 墙面面积划分为一个检验批，不足 500 m² 也应为一个检验批。

2 检验批的划分也可根据与施工流程相一致且方便施工与验收的原则,由施工单位与监理(建设)单位共同商定。

7.1.6 检验批检查数量除本章另有要求外,应符合下列规定:

1 每个检验批每 100 m² 应至少抽查 1 处,每处不应小于 10 m²。

2 每个检验批抽查不得少于 3 处。

7.1.7 现浇保温外墙系统的检验批质量验收合格应符合下列规定:

1 主控项目的质量经抽样检验均应合格。

2 一般项目的质量经抽样检验应合格。当采用计数抽样时,至少应有 90% 以上的检查点合格。

3 应具有完整的施工操作依据、质量验收记录。

7.1.8 现浇保温外墙系统的施工缺陷,如穿墙套管、脚手眼、孔洞等,应由施工单位制订专项处理方案,采取隔断热桥措施,并应有相应的验收记录。

7.1.9 现浇保温外墙系统工程应提供下列文件、资料,并纳入竣工资料:

1 设计文件,图纸会审记录,设计变更、技术洽商和节能专项审查文件。

2 现浇保温外墙系统工程施工方案。

3 节能保温工程的隐蔽验收记录。

4 检验批、分项工程检验记录。

7.2 现浇保温外墙系统进场检验

（Ⅰ）主控项目

7.2.1 现浇保温外墙系统所用的材料进场时应提供出厂合格证和型式检验报告、出厂检验报告等质量证明文件。

7.2.2 现浇保温外墙系统所用的材料应按下列规定进行复验,

复验应为见证取样送检：

1 保温模板的干密度、导热系数、垂直于板面方向的抗拉强度、燃烧性能、抗压强度、体积吸水率。

2 锚固件反向拉拔力(与保温模板)、局部承压力(与保温模板)、抗拔承载力(与混凝土)。

3 玻纤网的单位面积质量、耐碱断裂强力、耐碱断裂强力保留率。

4 抹面胶浆的拉伸粘结强度(与保温模板)、压折比。

检查数量：同一厂家、同一品种规格的产品，按照扣除门窗洞口后的保温墙面面积所使用的的材料用量，在 5 000 m² 以内时应复验 1 次；面积每增加 5 000 m² 应增加 1 次。

检验方法：核查复验报告。

7.2.3 混凝土的强度等级及工作性能应符合设计要求和和本标准的相关要求。

检查数量：按照现行上海市工程建设规范《预拌混凝土生产技术标准》DG/TJ 08—227 的有关规定进行。

检验方法：核查混凝土强度和坍落度检验报告。

（Ⅱ）一般项目

7.2.4 保温模板的外观质量和尺寸偏差应分别符合本标准表 4.2.3-1 和表 4.2.3-2 的规定。

检查数量：外观质量应全数检查，尺寸偏差抽检数量应每个检验批不少于 10%。

检验方法：按照本标准第 4.2.3 条的规定进行。

7.3 现浇保温外墙系统施工验收

（Ⅰ）主控项目

7.3.1 锚固件数量、位置、嵌入深度和性能应符合设计和施工方案的要求。

检查数量:每个检验批应抽查 3 处。

检验方法:观察、手扳检查;核查隐蔽工程验收记录和检验报告。

7.3.2 保温模板安装允许偏差应符合本标准表 6.3.5 的规定。

检查数量:每个检验批应抽查 10%,且不少于 3 处。

检验方法:尺量检查;核查隐蔽工程验收记录。

7.3.3 保温模板在浇筑混凝土过程中不得出现涨模、锚固件脱出等现象。

检查数量:全数检查。

检验方法:观察检查;核查施工记录。

7.3.4 现浇保温外墙系统混凝土与保温模板应无明显脱空、孔洞等缺陷。保温模板与混凝土应粘结牢固。

检查数量:每个检验批应抽查 10%,且不少于 3 处。

检验方法:目测、敲击法和相控阵超声法等组合进行,相控阵超声法按照现行上海市地方标准《相控阵超声成像法检测混凝土缺陷技术规程》DB31/T 1200 进行,现场进行拉伸粘结强度检验。

7.3.5 保温模板的拼缝、阴阳角、门窗洞口及不同材料基体的交接处等特殊部位,应采取防止开裂和破损的加强措施。

检查数量:按不同部位,每类应抽查 10%,且不少于 5 处。

检验方法:观察检查;核查隐蔽工程验收记录。

（Ⅱ）一般项目

7.3.6 混凝土浇筑后,保温模板表面应洁净,且无明显凹坑、掉角、脱皮等现象。

检查数量:全数检查。

检验方法:观察检查。

7.4 现浇保温外墙系统验收

（Ⅰ）主控项目

7.4.1 现浇保温外墙系统的抹面层施工完成后,应对抹面层与保温模板之间的粘结强度进行检验,抹面层与保温模板之间的粘结强度应不小于 0.12 MPa。

检查数量:每个检验批应抽查不少于 1 组。

检验方法:按照上海市工程建设规范《外墙保温一体化系统应用技术标准(预制混凝土反打保温外墙)》DG/TJ 08—2433A—2023 中附录 A.4.2 的规定进行。

7.4.2 现浇保温外墙系统的抹面层应无空鼓和裂缝。

检查数量:每个检验批应随机抽查不少于 5 处,面积不少于 10%。

检验方法:观察检查,空鼓锤敲击。

7.4.3 施工产生的墙体缺陷,如穿墙套管、脚手架预留孔、支模预留孔等,应按施工方案采取隔断热桥措施。

检查数量:全数检查。

检验方法:对照施工方案观察检查。

7.4.4 墙体上容易被撞的阳角、门窗洞口及不同材料基体的交接处等特殊部位应采取防止开裂和防破损加强措施。

检查数量:每个检验批应随机抽查不少于 5 处,面积不少于 10%。

检验方法:核查隐蔽工程验收记录。

7.4.5 现浇保温外墙系统应按照现行行业标准《建筑防水工程现场检测技术规范》JGJ/T 299 中的相关技术要求进行淋水试验。

检查数量:每个检验批应至少抽查 1 处。

检验方法:核查现场淋水试验报告。

（Ⅱ）一般项目

7.4.6 现浇保温外墙系统的抹面层平均厚度应符合设计要求。

检查数量:每个检验批应抽查不少于 1 组,每组不少于 3 个测点。

检验方法:钻芯取样,或在拉伸粘结强度现场测试后量测。

7.4.7 现浇保温外墙系统的外观尺寸允许偏差应符合表 7.4.7 的规定。

检查数量:每个检验批应抽查不少于 3 处。

表 7.4.7　现浇保温外墙系统的外观尺寸允许偏差

项目	允许偏差(mm)	检验方法
表面平整度	2	2 m 靠尺和塞尺检查
垂直度	3	经纬仪或吊线、尺量检查

7.4.8 玻纤网应铺压严实,铺贴平整,不得出现空鼓、褶皱、翘曲、外露等现象;搭接长度应符合设计要求,设计无要求时,各方向搭接不得小于 100 mm。

检查数量:每个检验批应抽查 10%,并不少于 3 处。

检验方法:观察检查;核查隐蔽工程验收记录和施工记录。

本标准用词说明

1 为便于在执行本标准条文时区别对待，对于要求严格程度不同的用词说明如下：

1）表示很严格，非这样做不可的用词：

正面词采用"必须"；

反面词采用"严禁"。

2）表示严格，在正常情况下均应这样做的用词：

正面词采用"应"；

反面词采用"不应"或"不得"。

3）表示允许稍有选择，在条件许可时首先应这样做的用词：

正面词采用"宜"；

反面词采用"不宜"。

4）表示有选择，在一定条件下可以这样做的用词，采用"可"。

2 标准中指明应按其他相关标准、规范执行时，写法为"应符合……的规定"或"应按……执行"。

引用标准名录

1 《混凝土外加剂》GB 8076

2 《建筑材料及制品燃烧性能分级》GB 8624

3 《建筑用墙面涂料中有害物质限量》GB 18582

4 《建筑结构荷载规范》GB 50009

5 《混凝土结构设计规范》GB 50010

6 《建筑抗震设计规范》GB 50011

7 《建筑结构可靠性设计统一标准》GB 50068

8 《民用建筑热工设计规范》GB 50176

9 《混凝土结构工程施工质量验收规范》GB 50204

10 《建筑装饰装修工程施工质量验收规范》GB 50210

11 《建筑工程施工质量验收统一标准》GB 50300

12 《建筑节能工程施工质量验收标准》GB 50411

13 《混凝土结构工程施工规范》GB 50666

14 《工程结构通用规范》GB 55001

15 《建筑与市政工程抗震通用规范》GB 55002

16 《钢结构通用规范》GB 55006

17 《混凝土结构通用规范》GB 55008

18 《建筑节能与可再生能源利用通用规范》GB 55015

19 《金属材料拉伸试验　第1部分:室温试验方法》GB/T 228.1

20 《无机硬质绝热制品试验方法》GB/T 5486

21 《增强材料机织物试验方法　第5部分:玻璃纤维拉伸断裂强力和断裂伸长的测定》GB/T 7689.5

22 《硬质泡沫塑料压缩性能的测定》GB/T 8813

23 《增强制品试验方法 第 3 部分:单位面积质量的测定》GB/T 9914.3

24 《绝热材料稳态热阻及有关特性的测定 防护热板法》GB/T 10294

25 《绝热材料稳态热阻及有关特性的测定 热流计法》GB/T 10295

26 《玻璃纤维增强水泥轻质多孔隔墙条板》GB/T 19631

27 《玻璃纤维网布耐碱性试验方法 氢氧化钠溶液浸泡法》GB/T 20102

28 《不锈钢和耐热钢 牌号及化学成分》GB/T 20878

29 《金属材料 弹性模量和泊松比试验方法》GB/T 22315

30 《模塑聚苯板薄抹灰外墙外保温系统材料》GB/T 29906

31 《建筑用绝热制品 弯曲性能的测定》GB/T 33001

32 《建筑门窗附框技术要求》GB/T 39866

33 《装配式混凝土结构技术规程》JGJ 1

34 《建筑施工模板安全技术规范》JGJ 162

35 《外墙外保温工程技术标准》JGJ 144

36 《建筑工程饰面砖粘结强度检验标准》JGJ/T 110

37 《建筑防水工程现场检测技术规范》JGJ/T 299

38 《外墙保温用锚栓》JG/T 366

39 《外墙外保温系统耐候性试验方法》JG/T 429

40 《数显式粘结强度检测仪》JG/T 507

41 《热固复合聚苯乙烯泡沫保温板》JG/T 536

42 《耐碱玻璃纤维网布标准》JC/T 841

43 《高层建筑混凝土结构技术规程》JGJ 3

44 《普通混凝土配合比设计规程》JGJ 55

45 《玻璃幕墙工程技术规范》JGJ 102

46 《预制混凝土外挂墙板应用技术标准》JGJ/T 458

47 《混凝土接缝用建筑密封胶》JC/T 881

48 《钢丝及其制品锌或锌铝合金镀层》YB/T 5357

49 《建筑锚栓抗拉拔、抗剪性能试验方法》DG/TJ 08—003

50 《建筑幕墙工程技术标准》DG/TJ 08—56

51 《公共建筑节能设计标准》DGJ 08—107

52 《建筑节能工程施工质量验收规程》DGJ 08—113

53 《居住建筑节能设计标准》DGJ 08—205

54 《预制混凝土夹心保温外墙板应用技术标准》
DG/TJ 08—2158

55 《外墙保温一体化系统应用技术标准(预制混凝土反打
保温外墙)》DG/TJ 08—2433A

56 《相控阵超声成像法检测混凝土缺陷技术规程》
DB31/T 1200

上海市工程建设规范

外墙保温一体化系统应用技术标准
（现浇混凝土保温外墙）

DG/TJ 08—2433B—2023
J 17041—2023

条 文 说 明

目　次

Contents

1 总　则

1.0.1　现浇保温外墙系统是近年来本市研发和推广应用的结构保温一体化系统之一,符合"节能、降耗、减排、环保"的基本国策,是实现建筑业可持续低碳发展的重要手段。编制本标准能更好地保证现浇保温外墙系统的质量,在合理设计的基础上,规范施工过程及质量验收。

1.0.2　本条规定了本标准的适用范围。上海市新建房屋建筑采用现浇保温外墙系统的设计、施工与质量验收均可采用本标准。新建工业建筑和改扩建建筑的设计、施工与质量验收也可参照本标准。该系统保温层位于外墙外侧,见本标准表 4.1.1 中的基本构造示意图。

3 基本规定

3.0.1 现浇保温外墙系统中保温模板作为混凝土浇筑模板,在混凝土现场浇筑和振捣作用下,混凝土和保温模板界面紧密贴合,水泥浆体具有较好的水化条件,能较充分地保证保温模板与混凝土之间具有良好的粘结性。同时,系统中采用不锈钢材质的锚固件将保温模板和混凝土进行锚固,是系统的第二道安全防线。且锚固件的结构设计,是从"保温模板和混凝土粘结完全失效"这一最不利角度考虑,而提出相应的技术要求。以上技术措施可保障预制反打保温墙板的设计工作年限与主体结构相协调。接缝密封材料应在工作年限内定期检查、维护或更新,可参照现行上海市工程建设规范《建筑幕墙工程技术标准》DG/TJ 08—56 执行。

3.0.3 保温板外抹面胶浆采用薄抹灰是为了防裂、防水、抗冲击和保护保温层。抹面层过厚,在外界气候条件长期作用下,更容易开裂、渗水,而且面层荷载过大也容易引起坠落。在设计时,应根据选用的抹面胶浆材料特性、建筑设计要求和项目状况等因素确定一个抹面层设计厚度定值,且该设计厚度定值不应大于8 mm。

3.0.5 本条参照国家标准《建筑节能与可再生能源利用通用规范》GB 55015—2021 第 3.1.19 条编写。现浇混凝土保温外墙系统的主要组成材料,包括保温模板、锚固件、抹面胶浆、玻纤网等,应满足本标准的性能指标,且由同一供应商提供配套。系统组成材料相容性要求是根据行业标准《外墙外保温工程技术标准》JGJ 144—2019 第 3.0.7 条编写,即保温模板应与现浇混凝土、抹面胶浆、锚固件等组成材料相容,确保保温模板与现浇混凝土、抹面胶浆粘结牢固。

4 系统和组成材料

4.1 现浇保温外墙系统

4.1.1 本条规定了现浇保温外墙系统的组成。该系统在工地现场以保温模板为混凝土浇筑模板，穿插锚固件后，与现浇混凝土形成保温外墙，然后再进行防护层施工。系统中的保温模板位于外墙外侧。

4.1.2 本条规定了现浇保温外墙系统的性能要求，包括系统耐候性、耐冻融性等方面。

系统耐候性参照行业标准《外墙外保温工程技术标准》JGJ 144—2019 第 4.0.2 条编写；根据本系统特点，拉伸粘结强度提高到 0.20 MPa。

本标准采用粘结和锚固 2 道防线的构造设计思路，锚固件在系统中起到重要作用，是系统安全性的第二道保证。锚固件与保温模板及混凝土现浇为墙板，因此锚固件与保温模板的反向拉拔力与局部承压力（包括锚杆有套管、锚杆无套管）、锚固件与混凝土的抗拔承载力显得非常重要。本标准编制过程中，开展了大量锚固性能的验证试验。验证试验中采用的锚固件是否满足本标准第 4.2.5 条的要求；采用的保温模板（为工程中常见的典型保温模板，采用 2 道镀锌钢丝网增强构造）是否满足本标准第 4.2.3 条和4.2.4 条的要求。采用其他构造增强措施的保温模板，不仅需验证保温模板性能是否满足本标准的要求，还需验证锚固件与保温模板、锚固件与混凝土是否满足要求。有关性能应根据表 4.1.2 规定的试验方法进行测试，得到的试验结果应满足表 4.1.2 的规定。

4.2 现浇保温墙体组成材料

4.2.3 保温模板其他规格的非标产品，由供需双方协商决定。

本条提出的保温模板外观质量、规格尺寸与允许偏差、性能要求等，是基于目前工程中常用的典型产品，并开展了大量验证性试验后得到的。保温模板性能要求（见表4.2.3-3）是基于第4.2.4条的规定而确定的。采用其他构造增强措施或制备工艺的保温模板，需确认保温模板性能满足本条的规定。

与传统保温材料性能要求相比，表4.1.2中增加了"保温模板与混凝土的拉伸粘结强度"。在传统外墙外保温系统中，采用框粘法把保温板粘贴在基层墙体上（通常为抹灰砂浆层）；对胶粘剂同时提出了"与水泥砂浆"和"与保温板"的拉伸粘结强度要求（见行业标准《外墙外保温工程技术标准》JGJ 144—2019第4.0.5条）。本标准规定的现浇系统，是把混凝土直接浇筑在保温模板上，为此提出了保温模板与混凝土之间的拉伸粘结强度要求。

本标准规定的保温模板，在其现场作业过程中，保温模板不仅起到保温隔热作用，还作为现浇混凝土墙体免拆模板，需承受施工中的弯矩作用。因此，增加了压缩弹性模量、弯曲变形的要求。

4.2.4 为预防保温模板坠落等安全隐患的发生，本标准采用粘结和锚固2道防线的构造设计思路，故在系统中提出了锚固性能要求，这不仅是对锚固件的要求，同时也是对保温模板的要求。因此，与传统无构造单一保温材料相比，本标准要求的保温模板应采取构造加强措施。

保温模板的构造加强措施可能有多种形式和材料，目前市场上常见的典型保温模板，是在保温模板内部采用2道钢丝网增强。为保证钢丝焊接网的耐久性，应采取热浸镀工艺镀锌。

钢丝焊接网的网孔和丝径，应根据保温模板的构造要求和生产工艺进行设置,故本条未作强制规定和要求。

4.2.5 锚固件将保温模板与现浇混凝土拉结锚固,其圆盘在保温模板外侧,杆身穿过保温层埋设于混凝土中,是防止保温模板脱落的第二道防线。锚固件应采用不锈钢材质,可提高长期耐久性能。

市场上的锚固件尾盘及锚杆的套管可采用符合行业标准《外墙保温用锚栓》JG/T 366—2012 的第 5.2 条规定的聚酰胺、聚乙烯或聚丙烯材料包覆。表 4.2.5-2 所示规格,均为不锈钢部分的尺寸,不包含包覆或套管部分。为保证锚杆与混凝土的抗拔承载力,套管不应埋设于混凝土中,即埋设于混凝土部分的锚杆应为锚杆的不锈钢材质部分。满足表 4.2.5-3 要求的锚固件尾盘厚度应满足表 4.2.5-2 的要求,即尾盘厚度不小于 1.2 mm。

锚固件的选用,应符合结构设计和本标准第 5.5 节的规定。

4.3 防护层材料

4.3.1 拉伸粘结强度和可操作时间试件制作时采用的保温模板,应为现浇保温外墙系统中应用的保温板,并应符合本标准第 4.2.3 条的规定。

4.3.2 玻纤网应在水泥碱性环境中保留较高的断裂强力,因此耐碱断裂强力是玻纤网的最重要指标。表 4.3.2 所列性能要求,是基于国家标准《建筑节能与可再生能源利用通用规范》GB 55015—2021 第 6.2.8 条编写的,其中:① 耐碱断裂强力从大于等于 1 000 N/50 mm,提高到大于等于 1 200 N/50 mm;② 耐碱断裂强力保留率从 50% 提高到 65%,即体现玻璃纤维布本身制造质量的拉伸断裂强力(即原强力)需达到 1 800 N/50 mm 左右;③ 增补了可燃物含量,反映了玻纤网上有机材料的涂覆量,是提高玻纤网耐碱性的关键指标。经有关检验机构检验,目前市场供应的玻纤网能达到这些指标的要求,可满足工程需求。

4.4 其他材料

4.4.1 现浇混凝土保温外墙系统工程施工中采用的密封胶,应根据具体使用部位、需被密封处理的材料品种而确定。

界面剂通常用于保温模板与抹面胶浆之间,也可用于保温模板局部找平或修补时的界面处理。界面剂应与保温模板、抹面胶浆相容,应能充分保证粘结牢固,并经试验确定。

拼缝部位的处理,目前工程上也采用研发的专用防水抗裂材料,可满足防水、变形以及与表层和基层的粘结要求。

保温模板在安装时可能局部发生破损,当破损面积不大时,可采用 M5 以上的轻质修补砂浆修补,并且耐久性良好。必要时,可采用界面剂进行界面处理后,再涂抹修补砂浆。

界面剂、防水抗裂材料、轻质修补砂浆、聚合物砂浆等工程应用的辅材,在选择和使用前,均应验证其适用性。

5 设 计

5.1 一般规定

5.1.2 系统在由正常荷载及室外气候,如自重、温度、湿度和收缩以及主体结构位移和风力等反复作用下引起的联合应力作用下应能保持稳定;系统在正常使用(如一般事故、意外冲击的作用下或标准的维修在其上支靠等)及地震作用下应能避免外保温工程的脱落风险。

5.2 立面设计

5.2.1 现浇保温外墙系统多与预制反打保温板、预制夹心保温墙板结合使用,常用于底部加强区、女儿墙、梯核等需要现浇的部位,其立面设计综合考虑预制外墙的设计原则,以实现建筑立面的统一协调。现浇墙板的规格尺寸与预制墙板尺寸均应符合模数化要求,便于保温板的定型化,减少现场切割,节约材料。

5.2.2 为避免装饰性线条或面板脱落的风险,明确装饰性线条或面板锚栓、龙骨、钢筋等金属连接件与主体结构应有可靠连接。

5.3 防水与抗裂

5.3.1 项目中现浇保温墙体与预制反打保温板、预制夹心保温墙板、保温装饰复合板外保温系统或幕墙系统等共同组成了建筑的外围护系统。现浇混凝土保温外墙与预制反打保温墙板阴阳角交接处或阳台与混凝土栏板或砌块墙交接处,存在施工的先后顺序,应综合考虑外饰面的构造,避免接缝处网格布的不交错、搭接不连续等问题而引起抹面层开裂、剥落的情况。

5.3.2 水平板面与外墙交接的阴角部位是外墙渗漏水的重点部位,保证防水层的延续性及接缝处的密封设计是防水最基本的要求。

5.3.3 建筑外墙部品包括外墙立管、空调支架和外挑金属遮阳板等。外墙预埋件大都具有承载作用,易发生松动变形,对预埋件处防水密封提出了要求。预埋件锈蚀后,较难修复、替换,可能影响到主体构件的安全性。项目中可采用不锈钢、镀锌等不锈钢材料或采取其他有效的防腐措施。金属构件穿透保温层时,可采用预压膨胀密封带绕金属构件一周密封的方式将缝隙填实,并采用密封胶进行封堵。

5.3.4 密拼错缝处理可曲折渗漏水路径,避免接缝处水直接进入保温模板甚至室内。错缝宽度若偏大,保温模板与预制构件粘结力较难保障。

5.3.5 预制夹心保温墙板与现浇保温外墙交接处构造防水的措施通常为高低缝或空腔的形式。采取高低缝的目的在于曲折渗漏水路径,避免透过密封胶的水直接进入室内。设置空腔的目的其一是形成一道减压屏障,避免在大风等恶劣天气下,由于室内外气压差过大导致外墙表面积水直接进入室内;其二,当空腔有积水时,也容易通过导水管及时排出。

5.3.7 基层位置有变化、不连续的部位容易产生应力集中,抹面层易出现裂纹,附加玻纤网可更好地提高抹面层抗拉能力,避免开裂风险。

5.3.8 由于收缩和温差的影响,外墙抹面层设置分格槽可使应力集中于分格缝中,以避免抹面层裂缝的产生。结合多地的质量通病及项目经验,对分隔槽处提出了密封胶等防水抗裂材料处理的要求,以防止雨水沿着抹面层渗入墙体内部,对立面及保温产生不利的影响。

5.3.10 外窗框与墙体安装间隙的防水密封至关重要,如处理不当,容易发生渗漏。设置金属披水板在解决防水隐患的同时,还对保温层起到了有效的保护作用。对于披水板与窗框后连接的情况,缝隙应采用耐候密封胶封严,以防止间隙渗水。

5.3.11 伸出外墙的管道(如空调管道、热水器管道、排油烟管道等)由于安装的需要,管道和套管之间会有一定的空隙,雨水在风压作用下会浸入到空隙中,孔道上部顺墙留下的雨水也会渗入空隙中,进而渗入墙体或室内。因此,管道和套管之间的空隙应封堵密实,封堵材料可采用发泡聚氨酯等保温材料,伸出外墙的管道周边应做好密封处理。

5.3.12 压顶是屋面和外墙的交接部位,是防水设计容易忽视的部位。压顶的设计可减少雨水对于保温板的冲击,减少渗水隐患。目前的项目,压顶形式主要有金属制品压顶及混凝土压顶,无论哪种形式,均应做好防水处理,并与屋面的防水做好衔接。

5.3.13 底层溅水区易积聚雨水潮气,另考虑材料本身的较高的吸水率,明确勒脚部位应设置防水层,以减少对保温系统的损坏。考虑地下建筑防水设防高度的范围,即地下室防水层应高出室外地面 300 mm 以上,本系统保温模板应预留地下室防水层的施工空间。

5.3.14 合成高分子卷材的柔性及延伸性可以与基层很好的贴合,两端采用满粘法固定,并辅以金属压条和锚栓,同时应做好卷材的收头密封,使外墙变形缝部位完全封闭,达到可靠的防水要求。变形缝常见的种类有金属盖板型、金属卡锁型及橡胶嵌平型,金属板可选择铝合金板、镀锌薄钢板等具有腐蚀性的材料,橡胶条的颜色也可以结合立面形式进行选用。缝中若嵌填岩棉或玻璃棉等吸水率较高的材料时,可采用铝箔包覆。

5.4 热工设计

5.4.2 本条规定了目前市场中常见的保温板(本标准第4.2.3条及其条文说明)的热工性能。确定修正系数时,考虑了保温板的体积吸水率可能达到10%(参见表4.2.3-3),以及系统采用不锈钢锚固件对传热的影响。

5.5 锚固件设计

5.5.1 对地震设计状况,仅进行多遇地震作用下的验算;对设防地震和罕遇地震作用,通过考虑锚固件的承载力分项系数、保证锚固件材料的断后伸长率及锚固构造等,实现锚固件破坏具有一定延性和保温层在罕遇地震作用下不发生整体脱落的目的。

保温层与基层墙体之间的粘结强度一旦失效或严重退化,会造成保温层及外抹面层坠落伤人、伤物,对于高层建筑危害性更大。目前针对保温板与基层墙体之间粘结强度的耐久性虽然已做过一些实验室模拟试验,但没有经过长时间、恶劣环境的考验,因此本标准的制定思路是设置2道防线保障系统安全,第一道防线是保温板与基层墙体之间的粘结,在使用阶段持久设计状况中,保温板与基层墙体之间的粘结强度必须满足要求;第二道防线是考虑到保温板与基层墙体之间的粘结可能随时间老化甚至失效,因此在使用阶段持久设计状况下,即使不考虑保温板与基层墙体之间的粘结强度,锚固件在荷载作用下的承载能力也满足要求,这也使锚固件的受力更加明确、简洁、安全。

5.5.2 现浇保温外墙系统是建筑物的外围护构件,主要承受自重、直接作用于其上的风荷载和地震作用。锚固件作为系统第二道防线中的一个重要构件,主要是承受作用在保温层和抹面层上的荷载和作用。

5.5.4 锚固件的抗拔主要包括三方面的内容：一是锚杆锚固在混凝土基层墙体中的抗拔承载力，与锚固深度有关，根据已有试验结果，锚杆在混凝土基层墙体中的锚固深度满足本标准要求时，其抗拔承载力比锚固件与保温板的反向抗拔力和尾盘与锚杆抗拉承载力大很多，因此一般不需要验算。二是锚固件本身的抗拉承载力，这与锚杆直径和尾盘与锚杆的连接等有关，其中尾盘与锚杆的连接是相对薄弱部位，因此应进行验算。三是锚固件与保温板的反向拉拔承载力，它和保温板的材料性质、厚度，以及锚固件尾盘的厚度、直径等因素有关，这往往是系统中起控制作用的薄弱环节，因此需要进行验算。

由于锚固件采用的是不锈钢金属材料，金属锚固件的抗剪承载力一般要大于保温板的局部承压力，因此一般情况下可只验算保温板的局部承压力。

5.5.5 上海属于夏热冬冷地区，保温外墙的温度效应不容忽视。虽然目前还缺乏相应的材料性质数据和试验数据，但根据估算，由于温度效应，在保温层与基层墙体之间的最大剪应力可能大于0.1 MPa。由于在荷载效应基本组合设计值计算时如考虑温度荷载效应的影响会使计算很复杂，缺乏实用性，因此本标准对保温层与基层墙体之间的粘结强度提出了更严格的要求，相当于间接考虑了温度效应的影响。

5.5.6 现浇保温外墙系统和连接节点上的作用与作用效应的计算，均应按照现行国家标准《建筑结构可靠性设计统一标准》GB 50068、《建筑结构荷载规范》GB 50009 和《建筑抗震设计规范》GB 50011 的规定执行。同时应注意：

1 当进行持久设计状况下的承载力验算时，现浇保温外墙系统仅承受平面外的风荷载；当进行地震设计状况下的承载力验算时，除应计算现浇保温外墙系统平面外水平地震作用效应外，尚应分别计算平面内水平和竖向地震作用效应。

2 计算重力荷载效应值时，除应计入现浇保温外墙系统自重外,尚应计入依附于现浇保温外墙系统的其他部件和材料的自重。

3 计算风荷载效应标准值时,应分别计算风吸力和风压力在现浇保温外墙系统及其连接节点中引起的效应。

5.5.8 考虑施工过程中因施工偏差经常出现的薄抹灰面层增厚、不均匀等情况,通过设置施工影响系数放大薄抹灰面层的重力荷载标准值。

5.5.9 外墙保温层和抹面层的地震作用是依据现行国家标准《建筑抗震设计规范》GB 50011 对于非结构构件的规定制定,并参照现行行业标准《预制混凝土外挂墙板应用技术标准》JGJ/T 458、《玻璃幕墙工程技术规范》JGJ 102 的规定,对计算公式进行了适当简化。

5.5.10 锚固件的挠度控制是为了避免在使用阶段保温层发生影响正常使用的竖向位移变形。在竖向位移计算时,应取最不利受力位置处的连接件,将其从属面积内的保温板、薄抹灰面层等荷载等效为集中荷载作用于保温层外侧连接件悬挑端部,按照标准组合进行挠度计算,不考虑保温板与基层墙体之间的粘结作用。根据本标准锚固件布置的要求,在多数情况下,当保温板厚为 50 mm 和 100 mm 时,锚杆直径 6 mm 和 8 mm 的锚固件顶端挠度基本满足要求。

5.5.11 锚固件是现浇保温外墙系统中的重要构件,在房屋使用过程中如出现保温板与混凝土基层墙体的粘结老化或失效,应确保保温板及抹面层不会坠落毁物伤人。因此,锚固件的承载能力和耐久性应该要满足房屋设计工作年限要求。

随着建筑物高度的增加,外墙上的荷载作用也会随之增加,而根据锚固件在保温板上反向拉拔试验结果,反向拉拔力与保温板的厚度、锚固件尾盘的厚度及直径相关。因此,为了保证锚固件能够正常工作,本条对锚固件的锚杆、尾盘等尺寸提出了相应要求。

5.5.12 现浇保温外墙系统中锚固件的布置方法和间距与保温板的抗压和抗拉强度、弹性模量、厚度、锚固件尾盘的直径、现浇混凝土的施工高度等参数有关。对于材料强度高、弹性模量大、厚度大的保温板,锚固件布置时的边距和间距相对也可以大一些,但应满足保温板及抹面层在工作年限内不会坠落的要求,以及在正常使用状态下不会发生超过规定变形的要求。

5.5.13 在现浇保温外墙系统设计时,宜采用 BIM 技术对保温板的排布进行优化,尽量采用大块保温板以减少拼缝、增加过多的锚固件。对于板面布置保温板时,由于不需考虑保温层重力的影响,故锚固件的数量和锚杆直径可以相对减少,但仍需考虑在施工过程中保温板的贴合稳定。对于保温外墙墙板边缘独立保温板(即该保温板不是在墙板边缘),由于被周围其他保温板包围,其受力状况要好一些,故在锚固件的布置要求上可以适当放松。

5.5.14 墙边缘保温板的受力相对比较复杂,而且边缘保温板过小,在墙板安装时容易受到损坏,且也不利于锚固件的布置。因此,在保温板布置时需要考虑保温板的合理排布,尽量采用大尺寸保温板;如果无法避免,也应尽可能把尺寸比较小的保温板排放在墙板中部。

5.5.15 锚固件在混凝土基层墙体中的拉拔力与锚固长度成正比,较长的锚固长度会给预制墙板的施工带来困难,也很难保证锚固件在预制墙板施工时不走位晃动;而较短的锚固长度可能只是锚固在混凝土保护层内,受力性能很难保证,耐久性也较差。从锚固件在混凝土基层墙体中的拉拔试验结果来看,当锚固深度不小于 50 mm 时,其拉拔力一般是锚固件在保温板上反向拉拔力的 1.5 倍以上,故本条对锚固深度作了相对比较适中的规定。

6 施 工

6.1 一般规定

6.1.5 保温板在施工现场存放时,由于保温板的横截面侧的保温颗粒及内置的钢丝网大多外露,耐候性较差。为尽量减少大气及雨水对横截面的侵蚀,宜入库堆放。

6.1.6 现浇保温外墙系统中的保温板若长时间处于干湿、冷热循环、大气雨水光照侵蚀以及表面污染等暴露环境,可能会导致保温板老化,对其材料性能产生影响。耐候性保护措施包括但不限于首道抹面胶浆覆盖、涂刷界面剂等。对于采用落地或悬挑脚手架等非提升式脚手架的,可在外立面基层分段验收后进行首道抹面层施工;对于采用爬升式脚手架等提升式脚手架的,可在操作平台提升前完成首道抹面层施工。

6.2 施工准备

6.2.1 保温板的排版应符合模数化要求,为减少保温板拼缝过多对粘结性能以及保温效果产生的影响,应对单块保温板最小宽度作出限制。

6.3 现浇混凝土保温外墙施工

6.3.2 保温板的硬度与刚度相较传统模板偏低,在模板安装与加固、混凝土浇筑等过程中,应避免采用混凝土条、钢筋、小型角钢等配件,而优先采用与保温板接触面较大的限位卡件,避免嵌入保温板内从而影响现浇构件的截面尺寸。保温板侧宜选用刚度较大的金属龙骨,防止涨模变形。

6.3.3 现浇混凝土保温外墙系统对外立面的垂直度与平整度要求较高,对于阴阳角、洞口、层间等容易涨模的位置,应单独进行加固体系设计,确保外立面成型质量。

6.3.4 锚固件采取防脱出构造或固定措施,是为了防止在后续混凝土浇筑过程中脱出失效。

6.3.5 现浇混凝土保温外墙系统的防护层大多采用薄抹灰＋涂料饰面形式,对建筑外立面基层的平整度与垂直度提出了很高要求。保温基层的平整度与垂直度受保温板厚度、平整度等因素影响较多,在实际施工过程中,除利用内部轴线控制外,应同时在外立面建立校核纠偏机制。

6.3.6 现浇保温外墙系统属隐蔽工程施工,其质量与浇捣高度有一定关系,如果一次现浇混凝土高度过高,不仅混凝土墙体的施工质量难以保证,而且与保温板的粘结及锚固件在混凝土墙体中的锚固质量也难以保证。因此,本条对现浇保温外墙系统的一次浇筑高度作了相应的规定。

6.4 结合部位施工

6.4.3 可通过粘贴胶条或打发泡剂等防漏浆措施来避免现浇部位混凝土进入保温板缝隙。

6.5 防水施工

6.5.3 外挑部位的面层因混凝土浇筑需要采用后期粘贴保温板的,迎水面应尽量使用整块保温板。水平构件阳角应采用水平保温板压竖向保温板的形式,避免竖向缝,以免水汽侵入粘贴部位影响粘结效果。

6.6 防护层施工

6.6.2 当保温模板与抹面胶浆的拉伸粘结强度由于施工周期等各种因素受到影响时,宜采用界面剂处理,以增强二者之间的粘结强度。应用界面剂后,不应降低而应增强保温模板与抹面胶浆的粘结,并达到设计强度。

6.6.3 样板抹面施工时如采用了界面剂,则后续施工时也应使用界面剂。

6.6.5 抹面层平均厚度不应超过 8 mm,施工时应至少分 2 道施工,考虑到现场施工原因,允许施工偏差可达到(－3 mm,＋5 mm)。施工中如发现抹面层平均厚度难以满足设计要求时,经设计确认后,可采取合理设置水平分隔缝(见本标准第 5.3.8 条)或建筑水平腰线等措施,以控制抹面层厚度。当抹面层平均厚度超过设计厚度时,应采取增设加强网、锚固等构造措施,并经设计确认。

首道抹面层施工可作为耐候性保护措施时,对于采用落地或悬挑脚手架等非提升式脚手架的,可在外立面基层分段验收后进行首道抹面层施工;对于采用爬升式脚手架等提升式脚手架的,应在操作平台提升前完成首道抹面层施工。

7 质量验收

7.1 一般规定

7.1.1 现浇保温外墙系统工程质量验收应符合现行国家标准《建筑工程施工质量验收统一标准》GB 50300、《建筑装饰装修工程质量验收规范》GB 50210、《建筑节能工程施工质量验收标准》GB 50411、《混凝土结构工程施工质量验收规范》GB 50204、《建筑节能与可再生能源利用通用规范》GB 55015、《外墙外保温工程技术标准》JGJ 144 和现行上海市工程建设规范《建筑节能工程施工质量验收标准》DG/TJ 08—113 等标准的有关规定。

7.3 现浇保温外墙系统施工验收

7.3.4 采用相控阵超声法检测现浇保温外墙系统混凝土与保温模板之间的脱空、孔洞等缺陷,应从室内侧混凝土墙面进行检测。

7.4 现浇保温外墙系统验收

7.4.6 每个检验组的抹面层厚度平均值应不大于 8 mm,每个测点检验值允许偏差(-3 mm,+5 mm)。